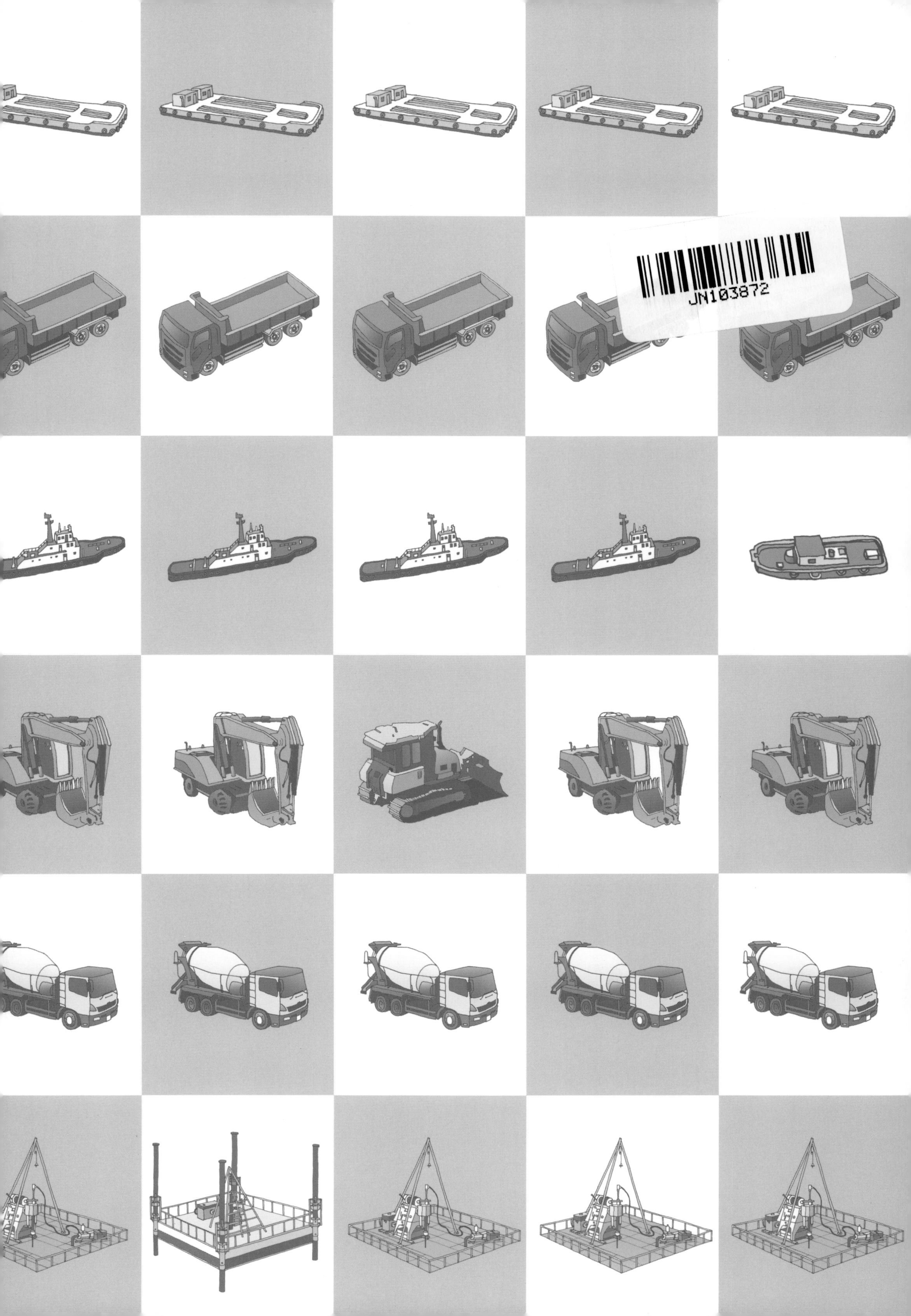

だんだんできてくる

アサガオがニョキニョキのびてくるのをかんさつするように、何かが少しずつできあがってくるようすは、わくわくしますよね。

このシリーズでは、まちのなかで目にする「とっても大きなもの」が、だんだん形づくられていくようすを、イラストでしょうかいしています。

できあがるまでに、いろいろな工事がなされていて、はたらく車や大きなきかいがたくさんかつやくし、多くの人びとがかかわっていることがわかります。

一日一日、時間をつみかさねることで、大きなものがだんだんできあがってくるようすを楽しんでください。

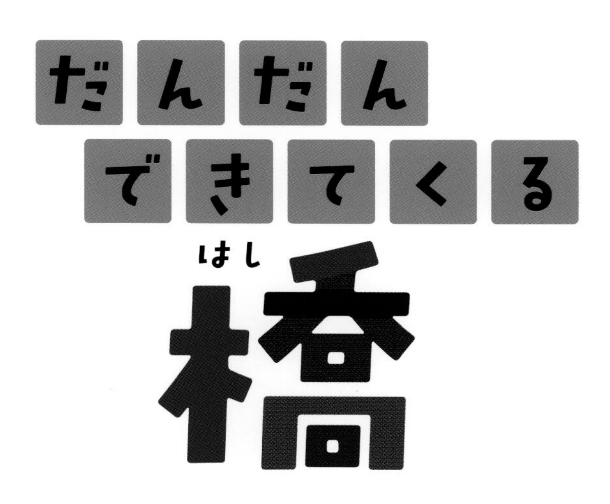

鹿島建設株式会社／監修
山田和明／絵

フレーベル館

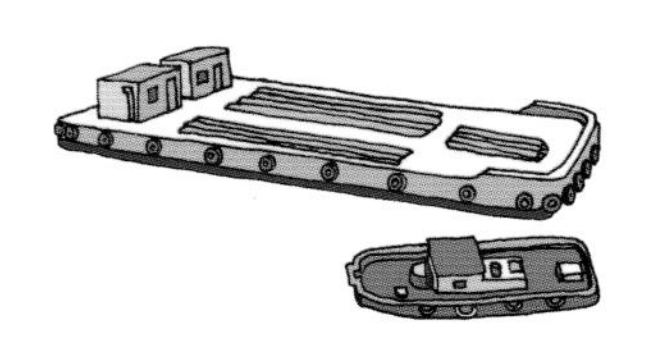

もくじ

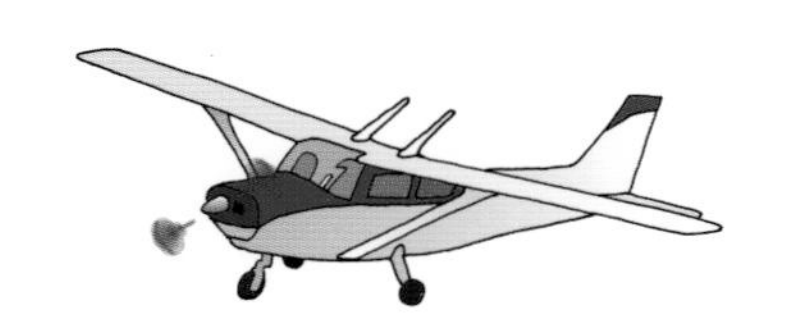

はじめに

くらしをつなぐ橋

目の前に見えているむこうがわに行きたいのに、海や川、谷など、行く手をさえぎるもののために、どうしてもわたれない場所があります。
ここと むこうがつながったとしたら、もっとくらしやすくなるのに。たくさんの人がそう思うような場所です。
そのような思いがたくさんあつまったとき、橋はつくられます。

わたしたちのまわりに、橋はたくさんあります。
道路の上をわたるための橋は、歩道橋。ぐらぐらとゆれる、スリルたっぷりのつり橋。高いところを通る鉄道や道路も、橋の上を走っています。田んぼの用水路にかけられた木のいたも、橋のひとつです。
とても大きなものから、小さいものまで、橋は、その形もさまざまです。そして、つくる場所にふさわしい形がえらばれています。

さて、橋をつくることになりました。
しゃちょう橋（斜張橋）とよばれる、おうぎ形でケーブルがかかった、うつくしい橋です。
できあがるまでには、長い時間がかかります。
どのように、つくられているのでしょうか。
だんだんできてくるようすを、見てみましょう。

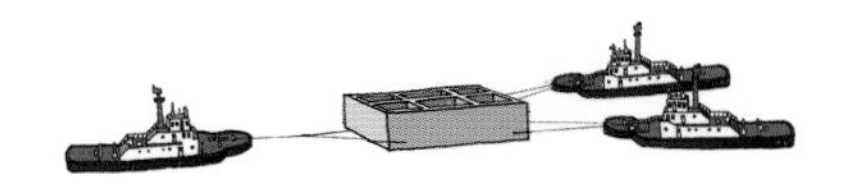

橋(はし)をつくる

ここに橋(はし)をつくろう。橋(はし)があれば、あっちに行(い)ったり、こっちに来(き)たり。みんなのくらしが、もっと楽(たの)しくなる。

地面や海のそこをはかる

どんな形の橋をつくるのか、前もって図にかいておくため、りく地や海のそこなどをはかる。

また、土のかたさを知るために、ボーリングマシンなどで、ふかくまで土をほってしらべたり、小さなひこうきで、空から地形をきろくしたり、地面の高さをはかったりもする。

できあがりのすがたがきまったら、いよいよ工事がはじまる。

ひこうきではかる!?

ひこうきでどうやって地面の高さをはかるのか、ふしぎですね。

じつは、ひこうきのおなかのあたりについているカメラでしゃしんをとったり、レーザー光線を地面にあてたりしてはかっています。そのじょうほうをもとにして、地面の「でこぼこ」などをわり出すのです。

また、海のそこは、船から海中へ音波を出してしらべています。

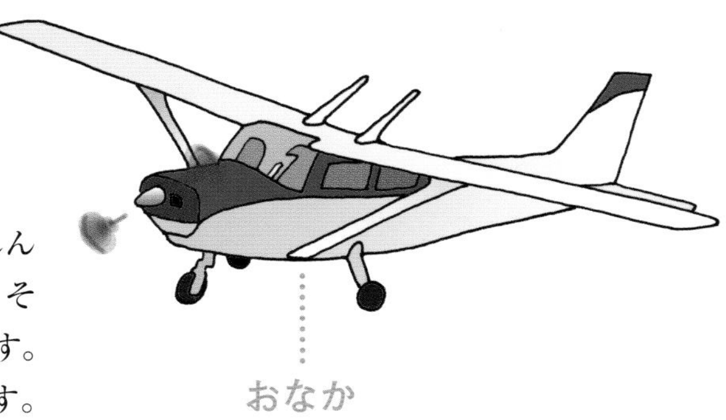

ボーリングって何？

10本のピンをボールでたおす、あのボウリングではなく、地面ふかくまで、小さなあなをほることです。その場所がどんな土でできているのか、ふかいところから土をほり出して、しらべます。

ピラミッド形に組まれたところがボーリングマシン 。ここから下にのびたぼうで土をほっている。

橋台をつくる

地上にふたつの橋台をつくる。橋台とは、橋ぜんたいを、りょうがわからささえるための土台だ。

地面をほったら、そこにてっきん（かたいてつのぼう）を組み、コンクリートをながしこんで、がっちりかためてつくる。

みじかい橋なら、このふたつの橋台の間に「けた」をわたしてできあがる。でも、この橋は長いので、橋台の間の海の中に、もうふたつの土台がひつようだ。それらは、むこう岸の工場でつくられている。

バックホウ

土をほるのはおまかせ！　アームの先につけたバケットで、かたい地ばんがあらわれるまで、土をひたすらほる。

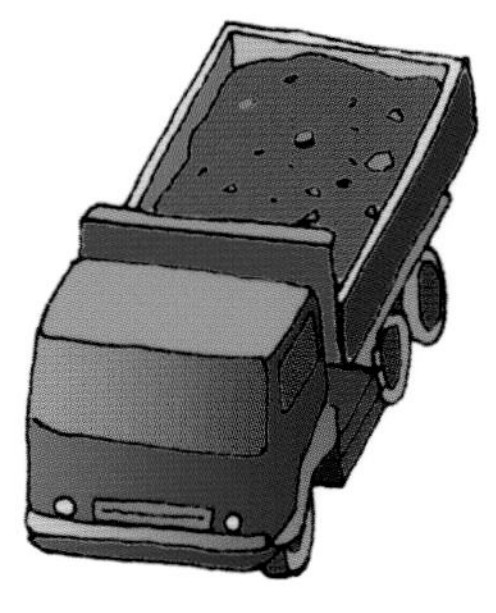

ダンプトラック

　バックホウがほった土(つち)を、たくさんのせてはこぶ。力(ちから)もちのはたらきものだ。

きそを はこぶ

船が、はがねというかたい金ぞくでつくったはこを引いている。このはこは、工場でつくっておいた、ケーソンとよばれるもの。とても大きなはこだ。これから海の中にはこばれ、橋をささえる土台の「きそ」となる。

きそは、地面の下にがっちりこていされて、その上につくられるものが、ぐらつかないようにするはたらきをする。

ケーソンは、中がからっぽになっている。だから、こんなに大きくても、海の水にうかぶので、小さな船でも引いてはこべるのだ。

「ここ！」を見つける

ケーソンは船で、海の上のきめられた場所へ、はこばれます。でも、なにも目じるしがない海の上で、どうやって正しい場所を見つけられるのでしょうか？

地上にある、いくつかの地点（前もってはかってきめておく）から、ケーソンのいちをきかいではかったり、うちゅうにある「えいせい」からの電波をうけとったりして、正しい場所へとみちびきます。そうして、はじめにきめておいた「ここ！」におけるのです。

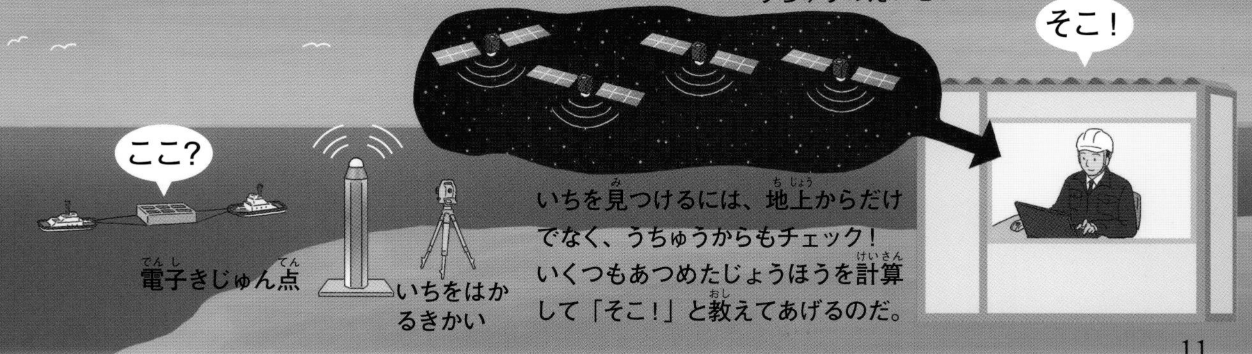

ここ?
電子きじゅん点
いちをはかるきかい
うちゅうのえいせい
そこ!
いちを見つけるには、地上からだけ
でなく、うちゅうからもチェック!
いくつもあつめたじょうほうを計算
して「そこ!」と教えてあげるのだ。

きそを かためる

　はこんだケーソンに水を入れて、海にしずめていく。海のそこにこていしたら、こんどはコンクリートをながしこんでいく。

　ふつうのコンクリートは、水の中にながしこむとバラバラにちらばってしまうけれど、この工事でつかうのは、水の中でもかためられる、とくべつなタイプだ。

　たくさんのコンクリートがひつようだから、台船という、たいらな船にのせられたコンクリートミキサー車が、なんども海の上を行ったり来たりする。

海の上の工事げんばまで、クレーンなどのじゅうき（力もちのはたらく車）や、ざいりょうをのせてはこぶ船。うんぱん船ともいう。

船の行き来はいつも通り

海は、魚をとる船、人やにもつをはこぶ船、海の安全を守る船など、たくさんの船が通行します。橋の工事中も、それらの船はいつも通り行ったり来たり。

どんなときも、きけんがあってはいけません。じゅうぶんに、ちゅういしながら通行します。海の上では、むかいから来る船にたいして、右がわを通るのがきほんです。

とうをたてる

海の中にふたつ、しまのようなきそができた。ここに、橋の主とうをつくっていく。主とうとは、橋の上でいちばんせの高いぶぶんのこと。

きその上に、てっこつやてっきんを組み、コンクリートをながしこんでかため、たてものをつくるように、高く形づくっていく。

海のまん中で、コンクリートの主とうは、少しずつ高くなっていく。

300 メートルの主とうからのながめ（兵庫県・明石海峡大橋）。
写真：延原真 / アフロ

主とうの中には…

橋は長い間つかうもの。できあがってからも、いたんでいないかをしらべるために、主とうにのぼります。だから、主とうの中には、エレベーターや、かいだん、はしごがついています。

天気よほうとにらめっこ！

　コンクリートをながしこむ日は、天気がとても気になります。それは、雨がふるとコンクリートをながしこめないから。水が多すぎると、コンクリートがかたくならないことがあるのです。

　でも、ながしこみがおわって、かたまっていれば、雨がふってもだいじょうぶ。タイミングが大切！　天気よほうはつねにチェックしています。

主げたをつくる

高くのびてきた主とうのりょうわきに、主げたがつくられはじめた。主げたは、人や車が通るたいらなぶぶんのこと。

主げたは、足場を組んで四角くかこんだワーゲン（いどうさぎょう車）の中でつくられていく。それも、主とうをはさんだ左右で、おなじ長さをおなじ時間でしあげていく。

ひと通りのきまった長さができあがったら、ワーゲンごと前にすすんで、つづきの主げたをつくりはじめる。

主げたの中には…

主げたの中には、たいてい、人が通れるほどの空間があります。ここには、水道かんや電線、光ケーブルなど、生活にひつようなものが通されていて、人びとのやくに立っています。

それに、主げたがおもいと、ささえるのがたいへんになるのですが、空間をつくれば、主げたをかるくすることもできます。

ワーゲン（いどうさぎょう車）

ひとつの主とうにふたつつける、主げたをつくるさぎょう場のこと。てっこつを組み合わせたがんじょうなつくりだ。

ゆかとやねがあるから、天気がわるくても工事ができて、安全！

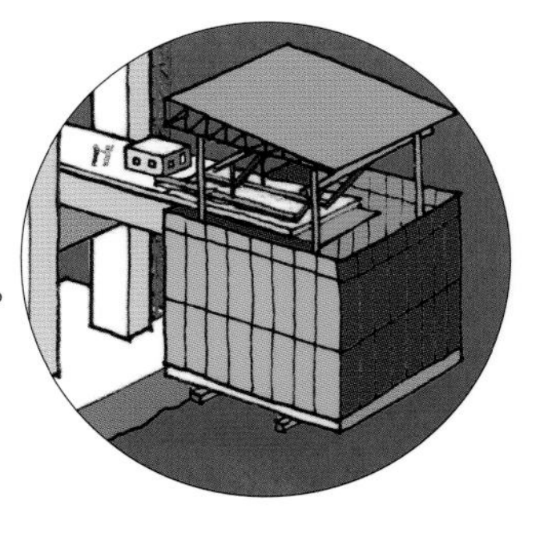

ケーブルをはる

主とうの左右に、おなじ長さの主げたができたら、主とうからのばしたケーブルとつなげる。

おもちゃのやじろべえのように、主とうを中心にし、左右でおもさのバランスをとりながら、主げたがささえられるのだ。

主げたがさらにのびたら、より高いところからのばしたケーブルとつなげる。

これを、くりかえしていく。

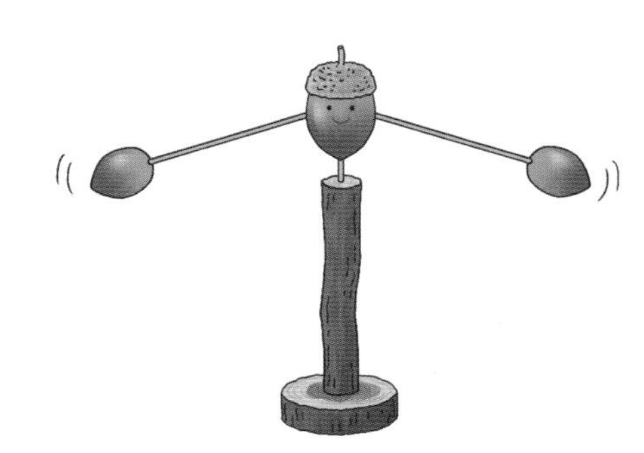

やじろべえとおなじ！

中心から左右におもりのついたうででバランスをとってゆれる、やじろべえというおもちゃがあります。主とうとケーブルでつながった左右の主げたは、やじろべえとおなじしくみで、つくられています。

とくべつに強い(つよ)ケーブル！

鋼線(こうせん)（はがねの線(せん)）とよばれる橋(はし)のケーブルのざいりょうは、はがねです。はがねは、てつやたんそ（炭素(たんそ)）などをまぜた金(きん)ぞくで、とてもかたいのがとくちょう。

ケーブルの見た目(みため)は、はり金(がね)のようですが、力強(ちからづよ)さがちがいます。それに、１本(ぽん)の鋼線(こうせん)を、何本(なんぼん)もねじりながらたばねてつかいます。だから、橋(はし)のケーブルは、とくべつにがんじょうなのです。

ぜんぶが つながる

それぞれ長さをのばしてきた主げたが、海の上でいよいよひとつにつながった。主とうからのケーブルもきれいにかかり、うつくしい形にしあがった。

あとは、主げたにアスファルトをしいたり、手すりやあかりをつけたり。りく地にある道路ともきちんとつながれば、できあがりだ。

つながって、おめでとう！

主げたがすべてつながるとき、おいわいをします。ちょっとだけのこしておいたすき間に、コンクリートをつめていくのを、みんなで見守って、はく手！　もうすぐできあがりです。

のびちぢみする主げた

主げたの長さは、あつい夏は長くなり、さむい冬にはみじかくなります。これは、ざいりょうのコンクリートやてつが、おんどによってのびちぢみするから。

ぴったりくっつけてつくると、のびたときにぶつかってしまうので、主げたと橋台の道路の間には、少しすき間をあけてあります。

橋(はし)ができた！

おわりに

橋をかけて、せかいを広げる！

海をはさんでりくをつなぐ橋ができました。

とれたての魚を、となりまちのスーパーマーケットへとどけたり、ぐあいのわるい人を、大きなびょういんまですばやくはこんだり。

これまで時間がかかっていたことが、みじかい時間でできるようになりました。

それに、うつくしい橋を見るために、遠くからも、たくさんの人があつまってきます。

人と人の間にも橋がかかりました。

新しい出会いが生まれ、わたしたちの見るせかいが、広がっていくのをかんじられることでしょう。

みぢかにある橋をさがしてみましょう。

つながっている先を、しらべてみましょう。

きっと、新しいはっけんがあるはずです！

あの橋この橋

橋のはじまり そこにある木と石

橋のはじまりは、道のとちゅうに川や谷があったとき、むこうがわへわたるために、その場にあった丸太や石をおいたものだと考えられます。

とてもたんじゅんな「橋」です。だからこそ、今でも、そのやり方でわたっている場所がいくつもあります。

カズラという木の「つる」でつくったつり橋も、古くからつかわれています。つるは、まげやすくおれにくいのがとくちょうです。

徳島県の祖谷渓にある「かずら橋」は、川の上 14 メートルのところにかかる、長さ 45 メートルのつり橋。つるでできているとは思えないほど、がんじょうです。この橋は、3 年ごとに、新しくつくりかえられます。

かずら橋

おもに5しゅるい！
橋の形

すきな橋の形を見つけてみましょう！

アーチ橋

円のようなアーチ形になった橋。大むかしから、れんがや石をならべてつくられていた。

長崎県にある眼鏡橋は、石でできたアーチ橋。

写真：縄手英樹 / アフロ

つり橋

主とうと、りく地につながった太いケーブル、そこからのびるほそいケーブルで主げたをつる橋。

愛媛県の来島海峡大橋は、小さなしまをつないでいる。

写真：アフロ

けた橋

橋台にたいらな主げたをのせた橋。かんたんなつくりなので、古くからある。

イギリスにあるクラッパー橋は、600年から1500年くらい前につくられた。

写真：Steve Vidler / アフロ

トラス橋

三角に組んだざいりょうを、つなげてできた橋。橋をがんじょうにするためのつくりだ。

大阪府にある港大橋は、こうそく道路が通るトラス橋。赤い色が目じるし。

写真：橋本政博 / アフロ

しゃちょう橋（斜張橋）

主とうから、ななめにケーブルをつなげて主げたをささえる橋。

神奈川県の横浜ベイブリッジは、ふたつのみなとをつないでいる。

©HIDEO KURIHARA / SEBUN PHOTO / amanaimages

どれもこれもわたってみたい！

かっこいい、せかいの橋

日本

せかいでいちばん長いつり橋

瀬戸内海にかかる明石海峡大橋。長さがおよそ４キロメートルのつり橋だ。本州と四国をつなぐ橋のひとつ。主とうの高さはおよそ300メートルで、大阪府にある日本でいちばん高いビル「あべのハルカス」とほぼおなじだ。てっぺんまでのぼれる見学ツアーもある。

ながれたら つくりなおす橋

京都府の木津川にかかる上津屋橋は、木でできている。大雨などで川の水面の高さが上がると、橋きゃくだけをのこして、のっている主げたはながされてしまう。それでも、主げただけならかんたんにつくりなおせると考える、むかしながらのしくみだ。このような橋を「ながれ橋」といい、外国でも見られる。

©HIDEAKI TANAKA / SEBUN PHOTO / amanaimages

写真：Steve Vidler/ アフロ

主げたがひらくゆうめいな橋

ロンドンのテムズ川にかかるタワーブリッジは、船が通るときに主げたを上げる、はね上げ橋。わずか1分ほどで上げられる。でも今は、週に数回しか見られない。

右の写真は、2014年の台風で、主げたがながされたようす。
左は、そのあとに主げたをかけなおしたすがた。

写真：アフロ

写真：マリンプレスジャパン / アフロ

アメリカ

サンゴの海にかかる長ーい橋

青い海の上にかかる、セブンマイルブリッジ。7マイルとは、およそ11キロメートルの長さのこと。あさい海だからつくれる長いけた橋で、キーウエストというしまとつながるこうそく道路だ。

橋工事でかつやくする

じゅうき 重機

バックホウ

アームにつけたシャベルで、かきこむように土をほる。地上の工事でかつやくする。

クローラークレーン

ざいりょうなどのおもいものをつり上げてはこぶ。地上だけでなく、台船にのせて海の上でもはたらくことができる。

台船

海の上の工事では、なくてはならない船。げんばまで、じゅうきやざいりょう、人をのせてはこぶ。台船だけでうごけるタイプと、タグボートに引っぱってもらうタイプがある。

タグボートで引っぱる

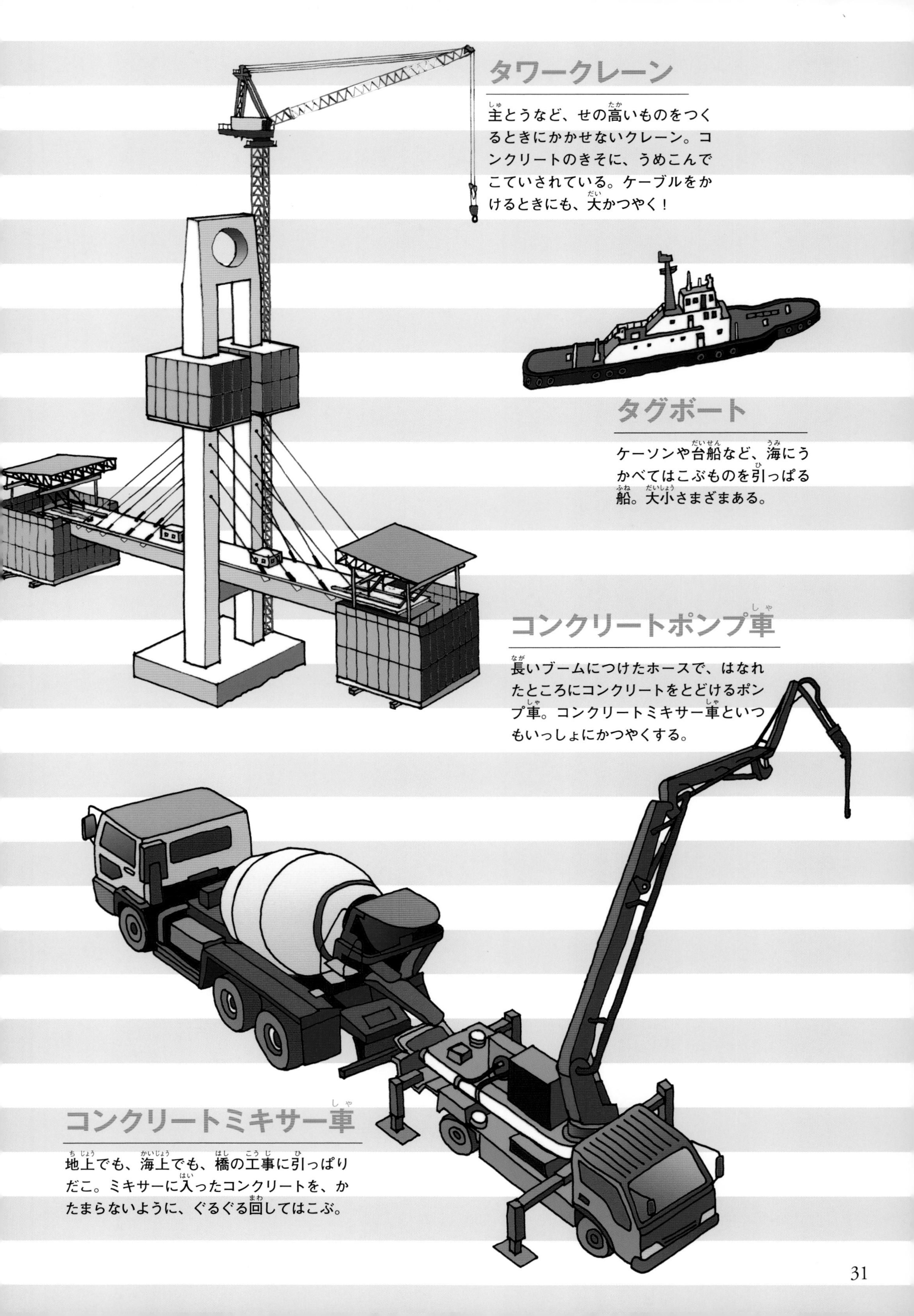

タワークレーン

主とうなど、せの高いものをつくるときにかかせないクレーン。コンクリートのきそに、うめこんでこていされている。ケーブルをかけるときにも、大かつやく！

タグボート

ケーソンや台船など、海にうかべてはこぶものを引っぱる船。大小さまざまある。

コンクリートポンプ車

長いブームにつけたホースで、はなれたところにコンクリートをとどけるポンプ車。コンクリートミキサー車といつもいっしょにかつやくする。

コンクリートミキサー車

地上でも、海上でも、橋の工事に引っぱりだこ。ミキサーに入ったコンクリートを、かたまらないように、ぐるぐる回してはこぶ。

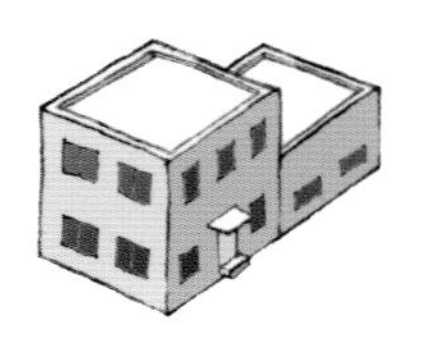

［監修］鹿島建設株式会社
https://www.kajima.co.jp/

［イラスト］山田和明

京都市生まれ、神奈川県在住。日本児童文芸家協会会員。ガッシュ、透明水彩などの技法を駆使し、深みと味わいのあるイラストレーションを制作している。2010年と2011年、2018年に、イタリア・ボローニャ国際絵本原画展に入選。おもな著作に絵本『あかいふうせん』『ぼくとどうぶつたちのおんがくかい』（いずれも出版ワークス）などがある。『あかいふうせん』は第9回ようちえん絵本大賞受賞。ドイツでも複数の絵本賞を受賞している。

［装丁・本文デザイン］
FROG KING STUDIO（近藤琢斗、森田直）
［カットイラスト］
松本奈緒美

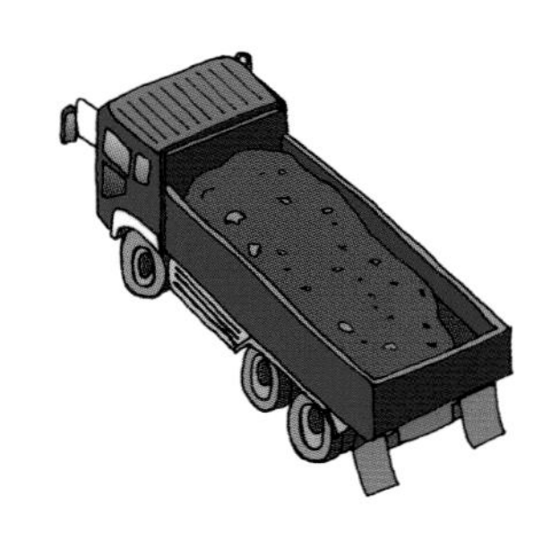

だんだんできてくる④
橋

2020年 3月　初版第1刷発行
2024年 7月　初版第4刷発行

［発行者］吉川隆樹

［発行所］株式会社フレーベル館
〒113-8611 東京都文京区本駒込 6-14-9
電話　営業 03-5395-6613　編集 03-5395-6605
振替　00190-2-19640

［印刷所］株式会社リーブルテック

NDC510 ／ 32 P ／ 31 × 22 cm
Printed in Japan
ISBN 978-4-577-04807-8

乱丁・落丁本はおとりかえいたします。
フレーベル館出版サイト　https://book.froebel-kan.co.jp

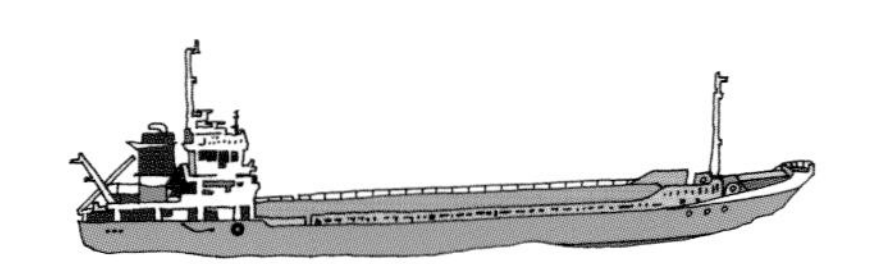

まちたんけんに GO!

だんだん できてくる

［全8巻］

できていくようすを
定点で見つめて描いた
絵本シリーズです

「とても大きな建造物」や
「みぢかなたてもの」、
「たのしいたてもの」が
どうやって形づくられたのかが
わかる！

1 道路
監修／鹿島建設株式会社
絵／イケウチリリー

2 マンション
監修／鹿島建設株式会社
絵／たじまなおと

3 トンネル
監修／鹿島建設株式会社
絵／武者小路晶子

4 橋
監修／鹿島建設株式会社
絵／山田和明

5 城
監修／三浦正幸
絵／イケウチリリー

6 家
監修／住友林業株式会社
絵／白井匠

7 ダム
監修／鹿島建設株式会社
絵／藤原徹司

8 遊園地
監修／株式会社東京ドーム
絵／イスナデザイン

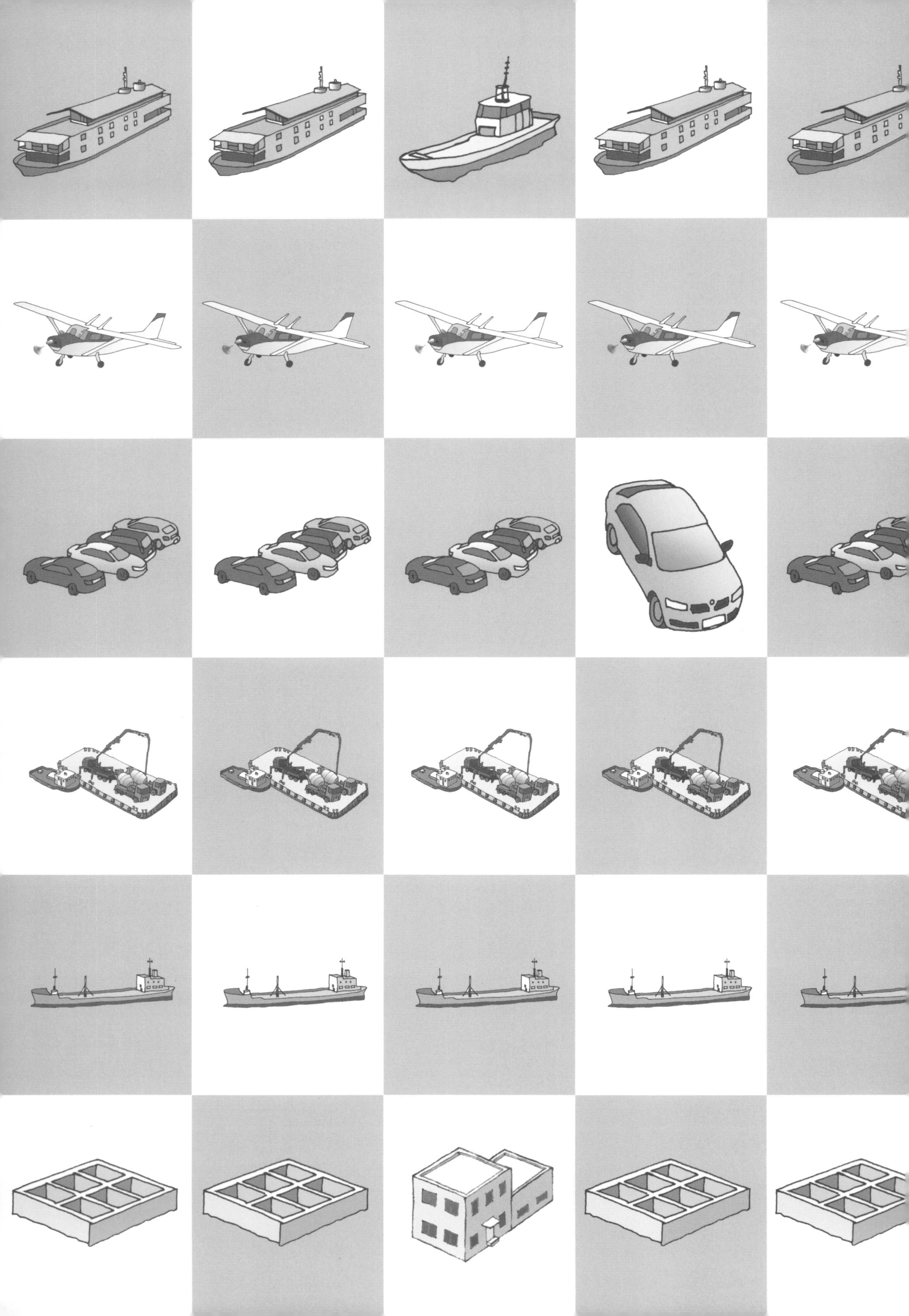